日本の美 国鳥「雉《キジ》」

高標高・過疎の地で出会った美しい鳥と
絶滅が危惧される珍しい鳥

伊東 祐朔

前　書　き

綺麗な鳥ですね。

国の内外を問わず、著名な美術家の作品より、この鳥の自然美に心を奪われてしまいました。

脳溢血の後遺症と老齢故、歩行に少々困難を感じていますが、軽トラの窓からこの鳥を見つけてより、毎朝のようにこの美しい姿を求め、心癒されています。

と、言っても観察可能なのは三月から七月初旬までに限られています。

キジの繁殖期は、この時期に限られており、その間は毎日、雄が縄張の見張りに立ち、観察が容易だったからです。

それ以外の時期には、撮影した、写真を整理しながら、彼らの美しさに見入っています。

勿論、立ち尽くすだけではなく、若草や、ミミズ等を捕食したり、羽繕い、頭を掻く等、様々な動きを楽しませてくれました。

キジの鳴き声は「ケンケン」とよく知られていますが、これは縄張りの主張であったり近づくものへの威嚇で、同時に羽をバタバタさせ母衣打《ほろうち》と言います。夢中で撮影し、この写真が多くなってしまいました。

そぼ降る雨の中、微動だにせず、巣を見守る雄の姿に感動を禁じえませんでした。

キジは移動に飛翔することは殆どありません。

走る速度は、オリンピックの百メートル走で優勝するかも知れません。車道を歩いていたとき、いきなり近づいた自動車に驚き飛び上がる姿もありました。

巣ごもり中の雌も時々、餌を求め姿を見せてくれますが、雄が必ず見守るか、付き添い、二羽で歩くほのぼのとした場面にも出会いました。

雄と雌とでは色合いが全く違いますね。

派手な雄に対し同種とは思えない地味な色合いです。

雌が、抱卵のため巣に戻ろうとした時、妻を守り、後に付き添った雄の姿を見た時、この色合いの違いに気づきました。

抱卵・巣ごもり中の保護色だったと思いました。

六月中旬には、自身で餌を摂れるまでに成育したヒナ鳥が、山の巣から縄張り内の平地へ出てミミズや稚蟹を喰っていました。と、思い込んでいたのですが、自分なりに写真を整理し、原稿を印刷会社へ送付したところ、垂井日之出印刷所の沢島武徳氏から「違うよ。絶滅危惧種の渡り鳥、ミゾゴイ（サギ科）だよ」と教えられました。キジのヒナではありませんでしたが、珍しい鳥ですからそのまま記載することにしました。

キジのヒナに出会うことはありませんでした。

卵を抱く雌の姿や巣の様子を見たいのはやまやまですが「カメラを持つ者として、巣に近ずくことは許されません」とは表向きで、軽トラで山へ分け入ることは不可能でした。

本書ではそれぞれの写真には解説は付けません。キジの生態に詳しくない筆者にはその資格はありません。

キジはニワトリと近縁(キジ目キジ科)の仲間です。ニワトリには雌雄とも頭頂部に鶏冠(トサカ）がありますが、キジには成熟した雄だけ顔面に肉垂（ニクスイ）と呼ばれる装飾が見られます。雌に対するアピールだと思います。成育するにつれ大きくなります。

写真を見ながら、私と共に想像して頂けましたら幸いです。

最後の二枚だけは、生後約一年の若い雄鳥です。

光線の関係で少々色にむらがありますが、小生には、補正する力不足です、悪しからず。

7

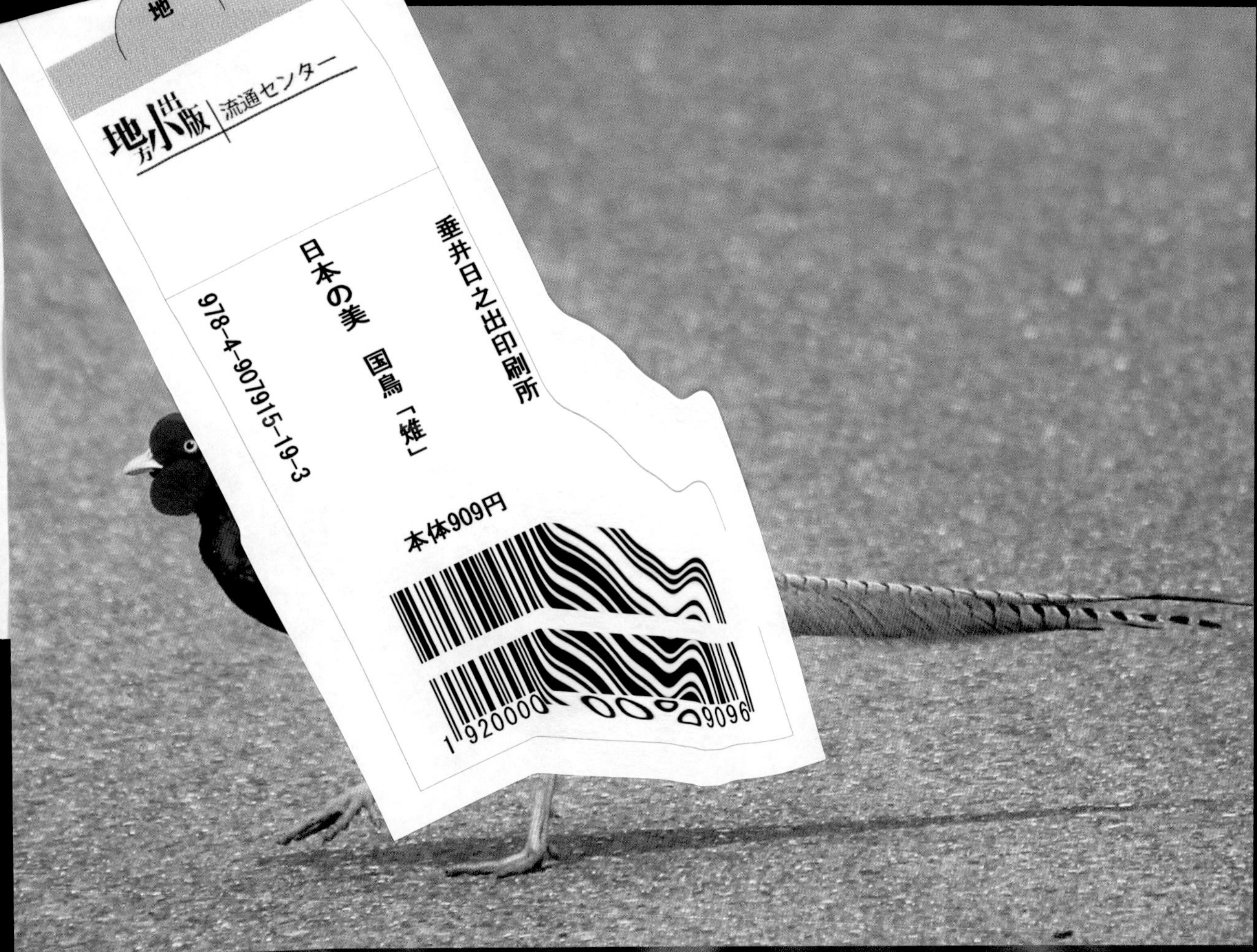

地方小出版 流通センター
垂井日之出印刷所
日本の美　国鳥「雉」
978-4-907915-19-3
本体909円

ミゾゴイ

後　書　き

拙い写真をご覧くださり有難うございました。

撮影地はすべて、私が居住する岐阜県恵那市飯地町の田圃の近くか、耕作放棄地ばかりです。すべて軽トラからの撮影です。

飯地は超高齢・過疎（人口六百少々）の地です。耕作放棄地が目立ち雑草が生い茂っています。

「人間にとって最も大切なものは？」との問いに「お金」と答える若者が多いと言われます。

昨今、温暖化のせいか豪雨・水害が多発しています。

水害で屋根の上に取り残され救助を待つ人々に、ヘリコプターから札束を投げ落としても何の役にもたちません。必用なのは食糧です。

日本の食糧は殆ど外国に頼ってます。その食料も値上げが続いています。

身近な食糧生産の地が雑草に覆われています。

これで良いのでしょうか。

大都会では、ラッシュや過密に疲れ果てた人々が多く報道されています。

こういった人々に、飯地のような自然の素晴らしさを感じていただけましたら望外の喜びです。

飯地はキジだけではなく、動植物の四季折々の昔ながらの、心癒される時間を感じさせてくれます。

耕作放棄地が、昔ながらの食糧生産地となり、多くの人々の平和な生活地に蘇ることを期待しています。

本書撮影に当り、情報を提供して下さった、林榮氏、楠捷之氏にお礼申し上げます。纐纈佳恭氏にもお世話になりました。有難うございました。

また体調のすぐれない小生を支えてくれた、妻・恭子にも感謝しています。

2021年11月

伊東祐朔

伊東祐朔　略歴

1939 年　大阪府に生まれる　本籍地・恵那市飯地町十番地

職歴　1963 年〜 2000 年　岐阜東高等学校教諭　1974 年〜 1977 年名古屋栄養短期大学（現・名古屋文理大学）生物学講師兼務

活動歴　岐阜県私立学校教職員組合連合書記長　同委員長　岐阜県自然環境保全連合執行部長代行　全国自然保護連合理事　長良川下流域生物相調査団事務局長　等

著書　『カモシカ騒動記』『ぼくはニホンカモシカ』『ぼくゴリラ』『終わらない河口堰問題』（以上・築地書館）『人間て何だ』（文芸社）『豊臣方落人の隠れ里』（自費出版）『小さな小さな藩と寒村の物語』『嵐に弄ばれた少年たち 「天正遣欧使節」の実像』『子孫が語る「曽我物語」』『敗者の歴史』写真絵本『ぼくライオン 東アフリカの動物たち』（いづれも垂井日之出印刷所）

共著　『長良川下流域生物相調査報告書』前編・後編（長良川生物相調査団）『長良川河口堰が自然に与えた影響』（日本自然保護協会）『トンボ池の夏』（文芸社）

海外調査　旧ソ連コーカサス地方長寿村　ガラパゴス諸島二回　アフリカ大陸三十数回

現住所：岐阜県恵那市飯地町 10

日本の美　国鳥「雉《キジ》」

高標高・過疎の地で出会った美しい鳥

著　者　　伊東祐朔
発行日　　令和４年１月25日
発　行　　(資)垂井日之出印刷所
　　　　　〒503-2112
　　　　　岐阜県不破郡垂井町綾戸1098-1
　　　　　TEL0584-22-2140　Fax0584-23-3832
印　刷　　(資)垂井日之出印刷所

郵便振替　00820-0-093249　垂井日之出印刷

ISBN978-4-907915-19-3